银杏

侧柏

榔榆

榉树

溧阳市

古树名木后备资源和乡土珍稀植物图鉴

溧阳市自然资源和规划局 编

朴树

枫杨

冬青

胡颓子

桂花

青冈栎

三角枫

丝棉木

江苏凤凰美术出版社

图书在版编目（CIP）数据

溧阳市古树名木后备资源和乡土珍稀植物图鉴 / 溧阳市自然资源和规划局编. -- 南京 : 江苏凤凰美术出版社, 2024.1

ISBN 978-7-5741-1451-7

Ⅰ. ①溧… Ⅱ. ①溧… Ⅲ. ①树木—溧阳—图集②珍稀植物—溧阳—图集 Ⅳ. ①S717.253.4-64
②Q948.525.34-64

中国国家版本馆CIP数据核字（2023）第233481号

项目统筹　陈文渊　吕永泉
　　　　　姜　耀　程继贤
责任编辑　孙剑博
责任校对　唐　凡
责任监印　唐　虎
责任设计编辑　王左佐

书　　名　溧阳市古树名木后备资源和乡土珍稀植物图鉴
编　　者　溧阳市自然资源和规划局
出版发行　江苏凤凰美术出版社（南京市湖南路1号　邮编210009）
制　　版　南京新华丰制版有限公司
印　　刷　盐城志坤印刷有限公司
开　　本　889mm×1194mm　1/16
印　　张　5.5
版　　次　2024年1月第1版　2024年1月第1次印刷
标准书号　ISBN　978-7-5741-1451-7
定　　价　128.00元

营销部电话　025-68155675　营销部地址　南京市湖南路1号
江苏凤凰美术出版社图书凡印装错误可向承印厂调换

编委会

前 言

根据《江苏省绿化委员会办公室关于开展全省古树名木资源普查的通知》（苏绿办〔2015〕4号）、《关于开展全市古树名木资源普查工作的通知》（常绿办〔2015〕2号）等文件要求，溧阳市绿化办于2015年10月起组织开展了古树名木资源普查工作，2016年8月，古树名木资源普查工作全面完成。通过普查确认，全市原有古树95株，新增古树18株，共113株，其中有11株因长势较差未录入古树系统，实际录入古树系统共102株。2017年至今，又发现17株古树，累计共有28株古树未录入古树系统。其中新增丝棉木、胡颓子两种古树。2019年以来，溧阳市统筹各级资金，邀请江苏省林业科学研究院对全市古树，特别是长势较差的古树进行了一次全方位的保护复壮，古树长势明显转好。未录入古树系统的28株古树，树种构成为10科12属12种，其中：二级古树（树龄300—499年）有3株，三级古树（树龄100—299年）有25株。

根据江苏省林业局的统一部署，溧阳市于2015年初启动了全市的林木种质资源清查工作。溧阳市林业局联合南京师范大学张光富教授团队完成了溧阳市的林木种质资源清查及报告撰写工作。经过2年的野外调查，初步查明了溧阳市境内林木种质资源的种类、数量及分布现状。调查发现：溧阳市境内共有木本植物268种，分属于74科171属（包括亚种、变种和变型）。其中，野生树种有63科140属217种；栽培树种有30科44属51种。溧阳野生树种数目占江苏全省木本野生树种总数274种的79.20%。可见，溧阳市的野生林木种质资源较为丰富。值得一提的是，此次野外调查发现了国家重点保护野生植物银缕梅和香果树。银缕梅是国家Ⅰ级重点保护野生植物，是第三纪孑遗植物，是被子植物的“活化石”，具有重要的生态和学术价值，这是银缕梅在江苏的第二个自然分布地点。香果树是国家Ⅱ级重点保护植物，曾一度被认为已在江苏境内绝灭。通过此次调查，我们在溧阳山区发现了5个香果树种群的野生分布地点，最大一株香果树的胸径达51厘米。这些发现对今后开展江苏省珍稀濒危树种的种群保护以及珍稀树种的地理分布研究均具有重要的意义。

根据野外调查，溧阳地区的木本植物中共有国家级珍稀树种6种。根据1999年《国家重点保护野生植物名录（第一批）》，溧阳市分布着国家Ⅰ级珍稀保护树种银缕梅（Parrotia subaequalis），国家Ⅱ级珍稀保护树种金钱松（Pseudolarix amabilis）、榉树（Zelkova schneideriana）和香果树（Emmenopterys henryi）。根据1992年傅立国等《中国植物红皮书（第一册）》，溧阳市分布着国家Ⅲ级稀有保护植物青檀（Pteroceltis tatarinowii）和短穗竹（Semiarundinaria densiflora）。这6种珍稀植物中，除短穗竹为灌木状竹类外，其余5种植物均为落叶乔木物种，并且均为我国特有树种，其中银缕梅是我省唯一的一种国家Ⅰ级珍稀濒危保护树种。调查中的新发现先后被多家媒体陆续报道，受到了社会的广泛关注。针对调查中发现的部分林木种质资源保护存在的问题，我市积极采取相应的措施，如在南山竹海建立银缕梅、香果树保护小区，在龙潭林场建立榉树、金钱松野生种群的保护小区。

溧阳，是苏南地区乃至江南有名的蚕桑生产重点地区，具有悠久的蚕桑历史文化，素有“丝府茶乡”的美誉。桑树是“丝府茶乡”的重要载体，老桑树，特别是古桑树是“丝府茶乡”的见证者。溧阳素有在农历四月采乌饭树嫩叶浸渍糯米煮成乌饭的习俗，是溧阳的“三黑”之一。

本书将未录入古树系统的28株古树，溧阳地区6种国家级珍稀树种中的5种落叶乔木，及对溧阳有重大影响的桑树和乌饭树汇集一册，为溧阳古树及林木种质资源的保护提供依据。

由于编写水平有限，加之时间仓促，资料欠缺，书中的缺点或错误在所难免，敬请读者批评指正。

编者

2023年8月

目　录

溧阳市古树名木后备资源汇总表

编号	名称			位置			龄级	
	中文名	拉丁名	科属	镇区	行政村	小地名	估测树龄	保护级别
005	银杏	*Ginkgo biloba*	银杏科银杏属	溧城街办	市区	城中派出所门口	120 年	三级
009	银杏	*Ginkgo biloba*	银杏科银杏属	天目湖镇	吴村村	上田村 28 号东（水井边）	300 年	二级
017	侧柏	*Platycladus orientalis (L.)* Franco	柏科侧柏属	埭头镇	埭头中学	埭头中学办公楼东侧	100 年	三级
038	榔榆	*Ulmus parvifolia* Jacq.	榆科榆属	古县街办	新桥村	新建宾馆中部	140 年	三级
063	榉树	*Zelkova serrata (Thunb.)*Makino	榆科榉属	天目湖镇	吴村村	西庄村 58 号东侧	200 年	三级
077	朴树	*Celtis sinensis* Pers.	榆科朴属	古县街办	新联村	新村里村 205 号东侧	200 年	三级
116	枫杨	*Pterocarya stenoptera* C. DC	胡桃科枫杨属	戴埠镇	李家园村	下西芥村 12 号北侧	150 年	三级
117	榔榆	*Ulmus parvifolia* Jacq.	榆科榆属	昆仑街办	毛场村	沙涨村公共绿地北侧	110 年	三级
118	榔榆	*Ulmus parvifolia* Jacq.	榆科榆属	戴埠镇	横涧村	施岗芥村进村路口	150 年	三级
119	榉树	*Zelkova serrata (Thunb.)*Makino	榆科榉属	戴埠镇	横涧村	淡竹芥村路前（朴树向前 100 米）	100 年	三级
120	榉树	*Zelkova serrata (Thunb.)*Makino	榆科榉属	天目湖镇	三胜村	小芥村进村路口膽峰别院前	100 年	三级
121	朴树	*Celtis sinensis* Pers.	榆科朴属	天目湖镇	平桥村	柴芥村 11 号前（进村路口）	120 年	三级
122	朴树	*Celtis sinensis* Pers.	榆科朴属	社渚镇	宋村村	窑塘 56 号前山坡上	200 年	三级
123	朴树	*Celtis sinensis* Pers.	榆科朴属	社渚镇	金峰村	望婆桥 14-1 号前	150 年	三级
124	冬青	*Hex Purpurea* HassR	冬青科冬青属	上兴镇	洞东村	涧东村村委后 104 国道西边	350 年	二级
125	冬青	*Hex Purpurea* HassR	冬青科冬青属	戴埠镇	戴南村	村中水泥路右侧	200 年	三级

续表

编号	名称			位置			龄级	
	中文名	拉丁名	科属	镇区	行政村	小地名	估测树龄	保护级别
126	胡颓子	*Elaeagnus pungens* Thunb.	胡颓子科 胡颓子属	天目湖镇	平桥村	张门里村 15 号前	350 年	二级
127	桂花	*Osmanthus fragrans (Thunb.)* Lour.	木樨科木樨属	溧城街办	倪庄村	张家村 3 号前围墙内（原张家祠堂）	150 年	三级
128	榉树	*Zelkova serrata (Thunb.)*Makino	榆科榉属	瓦屋山林场	瓦屋山林场	一工区（茶厂）职工房中间	100 年	三级
129	朴树	*Celtis sinensis* Pers.	榆科朴属	龙潭林场	龙潭林场	南湖岕工区管理房前	200 年	三级
130	榉树	*Zelkova serrata (Thunb.)*Makino	榆科榉属	戴埠镇	横涧村	村中路边小房北侧	150 年	三级
131	榉树	*Zelkova serrata (Thunb.)*Makino	榆科榉属	戴埠镇	横涧村	村北原养老院南侧	150 年	三级
132	青冈栎	*Cyclobalanopsis glauca(Thunb.)* Oerst.	壳斗科青冈属	天目湖镇	桂林村	石街头村 21 号北侧	250 年	三级
133	三角枫	*Acer buergerianum* Miq.	槭树科槭属	昆仑街办	毛场村	沙涨村偰斯墓地中间	200 年	三级
134	三角枫	*Acer buergerianum* Miq.	槭树科槭属	昆仑街办	毛场村	沙涨村偰斯墓地小路边	100 年	三级
135	丝棉木	*Euonymus Maackii* Rupr.	卫矛科卫矛属	昆仑街办	毛场村	沙涨村偰斯墓地南侧围墙边	100 年	三级
136	榉树	*Zelkova serrata (Thunb.)*Makino	榆科榉属	戴埠镇	戴南村	油坊村 31 号东（竹海连接线）双榉桥东侧	150 年	三级
137	榉树	*Zelkova serrata (Thunb.)*Makino	榆科榉属	戴埠镇	戴南村	油坊村 32 号东（竹海连接线）双榉桥西侧	150 年	三级

溧阳市古树名木后备资源科属表

科	属	种	数量			
			总数	其中		
				三级	二级	一级
银杏科	银杏属	银杏	2	1	1	
柏科	侧柏属	侧柏	1	1		
壳斗科	青冈属	青冈栎	1	1		
胡桃科	枫杨属	枫杨	1	1		
榆科	榆属	榔榆	3	3		
	榉属	榉树	8	8		
	朴属	朴树	5	5		
冬青科	冬青属	冬青	2	1	1	
卫矛科	卫矛属	丝棉木	1	1		
胡颓子科	胡颓子属	胡颓子	1		1	
槭树科	槭属	三角枫	2	2		
木樨科	木樨属	桂花	1	1		
10	12	12	28	25	3	

溧阳市古树名木镇区分布表

科	数量			
	总数	其中		
		三级	二级	一级
戴埠镇	8	8		
天目湖镇	6	4	2	
昆仑街办	4	4		
社渚镇	2	2		
溧城街办	2	2		
古县街办	2	2		
埭头镇	1	1		
上兴镇	1		1	
龙潭林场	1	1		
瓦屋山林场	1	1		
10	28	25	3	0

溧阳古树名木后备资源分布图

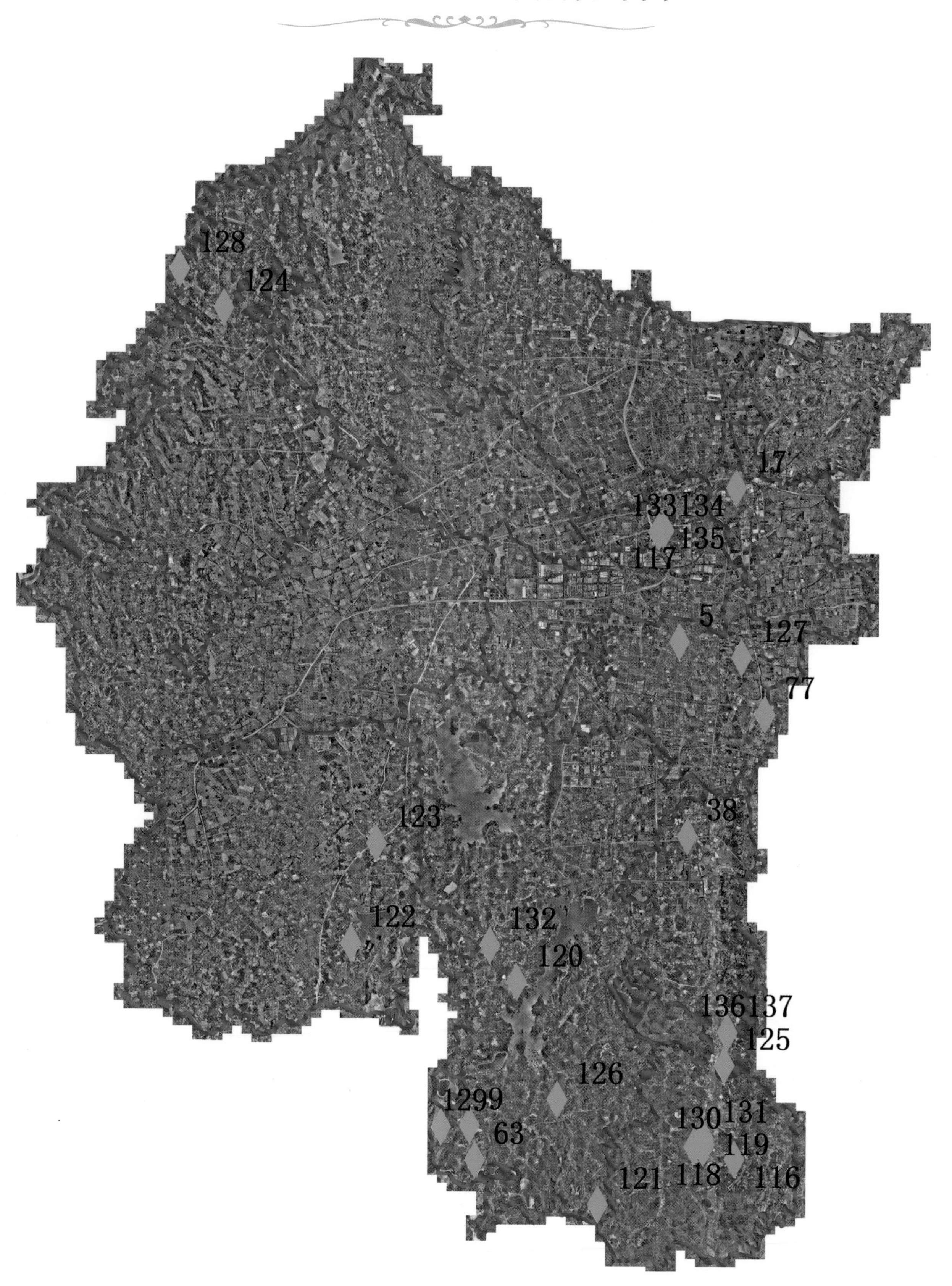

古树名木后备资源

银杏
古树编号：005

古树名木每木调查表

古树编号	005	县（市、区）	溧阳市
树 种	中文名：银杏　拉丁名：*Ginkgo biloba*		
	科：银杏科　属：银杏属		
位置	乡镇：溧城街办　村（居委会）：市区		
	小地名：城中派出所门口		
	纵坐标：E119° 29′ 5.76″		横坐标：N31° 25′ 51.84″
树龄	真实树龄：年		估测树龄：120 年
古树等级	三级	树高：15 米	胸径：87 厘米
冠幅	平均：14.5 米	东西：12 米	南北：10 米
立地条件	海拔：7 米　坡向：无　坡度：度　坡位：平地　土壤名称：水稻土		
生长势	衰弱株	生长环境	极差
影响生长环境因素	古树周边为商业办公用地，土壤的透水、透气性较差。古树四周为建筑，与古树间距较近，地表硬质铺装和四周建筑对古树生长影响较大。		
现存状态	正常		
树木特殊状况描述	母株，树干 4 米处分叉，主干明显，分叉处南侧至基部有一纵向沟。		
地上保护现状	护栏，通气管		

银杏
古树编号：009

古树名木每木调查表

古树编号	009	县（市、区）	溧阳市
树 种	中文名：银杏 拉丁名：*Ginkgo biloba*		
	科：银杏科 属：银杏属		
位置	乡镇：天目湖镇 村（居委会）：吴村		
	小地名：上田村 28 号东（水井边）		
	纵坐标：E119° 22′ 36.92″	横坐标：N31° 13′ 1.40″	
树龄	真实树龄： 年	估测树龄：300 年	
古树等级	二级	树高：7 米	胸径：100 厘米
冠幅	平均：8 米	东西：9 米	南北：7 米
立地条件	海拔：43 米 坡向：无 坡度： 度 坡位：平地 土壤名称：黄棕壤		
生长势	濒危株	生长环境	一般
影响生长环境因素	古树周边为村镇建设用地，土壤的透水、透气性较差。古树四周建筑与古树间距较近，对古树生长影响较大。		
现存状态	伤残		
树木特殊状况描述	树干 2 米处分叉，根部有萌蘖，侧枝剥皮，开始腐烂，侧枝已部分枯死。		
地上保护现状	防腐处理		

侧柏
古树编号：017

古树名木每木调查表

古树编号	017	县（市、区）	溧阳市
树 种	中文名：侧柏　拉丁名：*Platycladus orientalis (L.)* Franco		
	科：柏科　属：侧柏属		
位置	乡镇：埭头镇　村（居委会）：埭头中学		
	小地名：埭头中学办公楼东侧		
	纵坐标：E119° 30′ 51.42″		横坐标：N31° 29′ 56.04″
树龄	真实树龄：　年		估测树龄：100 年
古树等级	三级	树高：5 米	胸径：25 厘米
冠幅	平均：2 米	东西：2 米	南北：2 米
立地条件	海拔：5 米　坡向：无　坡度：　度　坡位：平地　土壤名称：水稻土		
生长势	濒危株	生长环境	良好
影响生长环境因素	古树周边为教育设施用绿地，土壤的透水、透气性好。		
现存状态	伤残		
树木特殊状况描述	树干有浅度的缺刻，已截顶，向南倾倒成 60 度角。		
地上保护现状	支撑		

榔榆
古树编号：038

古树名木每木调查表

古树编号	038	县（市、区）	溧阳市
树 种	中文名：榔榆　拉丁名：*Ulmus parvifolia* Jacq.		
	科：榆科　属：榆属		
位置	乡镇：古县街办　村（居委会）：新桥村		
	小地名：新建宾馆中部		
	纵坐标：E119° 29′ 24.97″　横坐标：N31° 20′ 43.74″		
树龄	真实树龄：　年	估测树龄：140 年	
古树等级	三级	树高：8 米	胸径：85 厘米
冠幅	平均：9 米	东西：10 米	南北：8 米
立地条件	海拔：5 米　坡向：无　坡度：　度　坡位：平地　土壤名称：黄棕壤		
生长势	衰弱株	生长环境	差
影响生长环境因素	古树周边为商业用地，土壤的透水、透气性一般。地势低，易根部积水，原水泥场地面积过大，对古树根部造成非常大的伤害。		
现存状态	伤残		
树木特殊状况描述	树干 1.8 米处二分叉，树身布满突状瘤，树干 80 厘米处北侧有一 10 厘米 ×20 厘米腐烂孔，树冠严重偏冠，偏东南，西北无树冠，北侧枝北面从上向枯死。		
地上保护现状	防腐处理、枯枝清理		

榉树
古树编号：063

古树名木每木调查表

古树编号	063	县（市、区）	溧阳市
树种	中文名：榉树　拉丁名：*Zelkova serrata (Thunb.)*Makino		
	科：榆科　属：榉属		
位置	乡镇：天目湖镇　村（居委会）：吴村村		
	小地名：西庄村 58 号东侧		
	纵坐标：E119° 22′ 47.89″	横坐标：N31° 12′ 7.13″	
树龄	真实树龄：　年	估测树龄：200 年	
古树等级	三级	树高：14.5 米	胸径：70 厘米
冠幅	平均：7 米	东西：6 米	南北：8 米
立地条件	海拔：44 米　坡向：无　坡度：　度　坡位：平地　土壤名称：黄棕壤		
生长势	濒危株	生长环境	良好
影响生长环境因素	古树周边为村镇建设用地，土壤的透水、透气性较好。		
现存状态	伤残		
树木特殊状况描述	树干 4 米处四分叉，树干光滑无蛀孔。2016 年树分叉有大量枯枝，长势明显变弱（雷击）。		
地上保护现状	防腐处理、枯枝清理		

朴树
古树编号：077

古树名木每木调查表

古树编号	077	县（市、区）	溧阳市
树 种	中文名：朴树　　拉丁名：*Celtis sinensis* Pers.		
	科：榆科　　属：朴属		
位置	乡镇：古县街办　　村（居委会）：新联村		
	小地名：新村里村 205 号东侧		
	纵坐标：E119° 31′ 46.81″　　横坐标：N31° 24′ 0.80″		
树龄	真实树龄：　　年	估测树龄：200 年	
古树等级	三级	树高：8.5 米	胸径：60 厘米
冠幅	平均：7.5 米	东西：7 米	南北：8 米
立地条件	海拔：6 米　坡向：无　坡度：　度　坡位：平地　土壤名称：水稻土		
生长势	濒危株	生长环境	差
影响生长环境因素	古树周边为村镇建设用地，土壤的透水、透气性较差。树西北侧为民居，距离古树较近，地表为水泥地，对古树影响较大。		
现存状态	伤残		
树木特殊状况描述	原有两干相连，一干已枯。树向东侧倾斜，整个主干已蛀空，有一枝撑在平房上。		
地上保护现状	无		

枫杨
古树编号：116

古树名木每木调查表

古树编号	116	县（市、区）	溧阳市
树种	中文名：枫杨　拉丁名：*Pterocarya stenoptera* C. DC		
	科：胡桃科　属：枫杨属		
位置	乡镇：戴埠镇　村（居委会）：李家园村		
	小地名：下西芥村12号北侧		
	纵坐标：E119° 30′ 59.60″	横坐标：N31° 12′ 12.73″	
树龄	真实树龄：　年	估测树龄：150年	
古树等级	三级	树高：16.5米	胸径：118厘米
冠幅	平均：20米	东西：18米	南北：22米
立地条件	海拔：58米　坡向：无　坡度：　度　坡位：平地　土壤名称：黄棕壤		
生长势	衰弱株	生长环境	良好
影响生长环境因素	古树周边为村镇建设用地，北侧有一土地庙，新建宽2米水泥路，南侧为涧沟，土壤的透水、透气性一般。		
现存状态	伤残		
树木特殊状况描述	树干高3.5米，中空，木质部全部腐烂。南北各一分叉，北侧枝较大，树根上浮。		
地上保护现状	无		

榔榆
古树编号：117

古树名木每木调查表

古树编号	117	县（市、区）	溧阳市
树 种	中文名：榔榆　拉丁名：*Ulmus parvifolia* Jacq.		
	科：榆科　属：榆属		
位置	乡镇：昆仑街办　村（居委会）：毛场村		
	小地名：沙涨村公共绿地北侧		
	纵坐标:E119° 28′ 34.80″		横坐标：N31° 28′ 48.47″
树龄	真实树龄：　年		估测树龄：110 年
古树等级	三级	树高：14.6 米	胸径：70 厘米（1 米处）
冠幅	平均：15 米	东西：14.6 米	南北：15 米
立地条件	海拔：4 米　坡向：无　坡度：　度　坡位：平地　土壤名称：水稻土		
生长势	正常株	生长环境	差
影响生长环境因素	古树周边为村镇建设用地，北侧有水泥路，南侧为水泥场地，土壤的透水、透气性较差。		
现存状态	正常		
树木特殊状况描述	树干光洁无疤痕，距地 1 米处三分叉，无病虫害，树形较美。		
地上保护现状	无		

榔榆
古树编号：118

古树名木每木调查表

古树编号	118	县（市、区）	溧阳市
树种	中文名：榔榆　　拉丁名：*Ulmus parvifolia* Jacq.		
	科：榆科　　属：榆属		
位置	乡镇：戴埠镇　　村（居委会）：横涧村		
	小地名：施岗圿村进村路口		
	纵坐标：E119°　29′　42.50″	横坐标：N31°　12′　32.85″	
树龄	真实树龄：　　年	估测树龄：150 年	
古树等级	三级	树高：5.6 米	胸径：57.3 厘米
冠幅	平均：7 米	东西：8 米	南北：6 米
立地条件	海拔：65 米　坡向：无　坡度：　度　坡位：平地　土壤名称：黄棕壤		
生长势	濒危株	生长环境	良好
影响生长环境因素	古树周边为园地，土壤的透水、透气性较好。		
现存状态	伤残		
树木特殊状况描述	树干 2.5 米处二分叉，东南侧枝较粗，西侧枝已经基本枯死。树身布满突状瘤，有腐烂孔，树冠严重偏冠。		
地上保护现状	防腐处理、枯枝清理		

榉树
古树编号：119

古树名木每木调查表

古树编号	119	县（市、区）	溧阳市
树 种	中文名：榉树 拉丁名：*Zelkova serrata (Thunb.)*Makino		
	科：榆科 属：榉属		
位置	乡镇：戴埠镇 村（居委会）：横涧村		
	小地名：淡竹炋村路前（朴树向前 100 米）		
	纵坐标：E119° 30′ 0.77″	横坐标：N31° 12′ 31.24″	
树龄	真实树龄： 年	估测树龄：100 年	
古树等级	三级	树高：16 米	胸径：73 厘米
冠幅	平均：15 米	东西：15 米	南北：15 米
立地条件	海拔：72 米 坡向：无 坡度： 度 坡位：平地 土壤名称：黄棕壤		
生长势	正常株	生长环境	良好
影响生长环境因素	古树周边为村镇建设用地，在石子路西侧，土壤的透水、透气性一般。		
现存状态	正常		
树木特殊状况描述	树干通直，光洁无疤痕，树干 3.5 米处向上四分叉，有一分枝已经枯死。		
地上保护现状	排水沟、枯枝清理		

榉树
古树编号：120

古树名木每木调查表

古树编号	120	县（市、区）	溧阳市
树种	中文名：榉树　拉丁名：*Zelkova serrata (Thunb.)*Makino		
	科：榆科　属：榉属		
位置	乡镇：天目湖镇　村（居委会）：三胜村		
	小地名：小岕村进村路口膽峰别院前		
	纵坐标 :E119° 24′ 4.3″		横坐标：N31° 16′ 49.5″
树龄	真实树龄：　年		估测树龄：100 年
古树等级	三级	树高：12 米	胸径：50 厘米
冠幅	平均：12.9 米	东西：12.5 米	南北：13.3 米
立地条件	海拔：16 米　坡向：无　坡度：　度　坡位：平地　土壤名称：黄棕壤		
生长势	正常株	生长环境	良好
影响生长环境因素	古树周边为村镇建设用地，原生长处为大斜坡，2018 年填土，回土抬高 2 米，原来树北侧为进村水泥路，回土后改道。		
现存状态	正常		
树木特殊状况描述	主干通直，未回土前有 80 多厘米，现主干基部向上 50 厘米有一疤痕（80 厘米×30 厘米）。		
地上保护现状	防腐处理		

朴树
古树编号：121

古树名木每木调查表

古树编号	121	县（市、区）	溧阳市
树 种	中文名：朴树　　拉丁名：*Celtis sinensis* Pers.		
	科：榆科　　属：朴属		
位置	乡镇：天目湖镇　　村（居委会）：平桥村		
	小地名：柴芥村 11 号前（进村路口）		
	纵坐标：E119° 26′ 41.56″	横坐标：N31° 10′ 58.79″	
树龄	真实树龄：　　年	估测树龄：　120 年	
古树等级	三级	树高：15 米	胸径：92 厘米
冠幅	平均：14 米	东西：13 米	南北：15 米
立地条件	海拔：119 米　坡向：无　坡度：　度　坡位：平地　土壤名称：黄棕壤		
生长势	衰弱株	生长环境	差
影响生长环境因素	古树周边为村镇建设用地，土壤的透水、透气性一般。树北侧为水泥路，西南侧为房，对古树有一定影响。		
现存状态	伤残		
树木特殊状况描述	树干 1.5 米处有二 15 厘米蛀孔，2 米处有一枯枝，3 米处有一枯枝，仅剩二主枝。		
地上保护现状	支撑、防腐处理、枯枝清理		

朴树
古树编号：122

古树名木每木调查表

古树编号	122	县（市、区）	溧阳市
树种	中文名：朴树　拉丁名：*Celtis sinensis* Pers.		
	科：榆科　属：朴属		
位置	乡镇：社渚镇　村（居委会）：宋村村		
	小地名：窑塘 56 号前山坡上		
	纵坐标：E119° 18′ 44.45″	横坐标：N31° 17′ 47.81″	
树龄	真实树龄：年	估测树龄：200 年	
古树等级	三级	树高：7.8 米	胸径：65 厘米
冠幅	平均：16 米	东西：16 米	南北：16 米
立地条件	海拔：38 米　坡向：无　坡度：度　坡位：	土壤名称：黄棕壤	
生长势	正常株	生长环境	良好
影响生长环境因素	古树位于土堆顶部，周边为杂树林，土壤的透水、透气性较好。		
现存状态	正常		
树木特殊状况描述	根部裸露，主干向北倾斜 10 度，2 米处二分叉，基部向上有一长 30 厘米、宽 10 厘米腐孔，东侧分叉有一长 60 厘米、宽 20 厘米腐孔。		
地上保护现状	支撑、防腐处理		

朴树
古树编号：123

古树名木每木调查表

古树编号	123	县（市、区）	溧阳市
树种	中文名：朴树　拉丁名：*Celtis sinensis* Pers.		
	科：榆科　属：朴属		
位置	乡镇：社渚镇　村（居委会）：金峰村		
	小地名：望婆桥 14-1 号前		
	纵坐标：E119°　19′　31.99″		横坐标：N31°　20′　27.25″
树龄	真实树龄：年		估测树龄：150 年
古树等级	三级	树高：12.6 米	胸径：60 厘米
冠幅	平均：11.5 米	东西：11 米	南北：12 米
立地条件	海拔：7 米　坡向：无　坡度：度　坡位：平地　土壤名称：水稻土		
生长势	衰弱株	生长环境	良好
影响生长环境因素	古树周边为村镇建设用地，树西北侧为水泥场地，土壤的透水、透气性一般。		
现存状态	正常		
树木特殊状况描述	主干 3 米处二分叉，枝条多枯梢，基部已经腐烂中空。		
地上保护现状	无		

冬青
古树编号：124

古树名木每木调查表

古树编号	124	县（市、区）	溧阳市
树 种	中文名：冬青　　拉丁名：*Hex Purpurea* HassR		
	科：冬青科　　属：冬青属		
位置	乡镇：上兴镇　　村（居委会）：涧东村		
	小地名：涧东村村委后　104 国道西边		
	纵坐标：E119°　14′　27.96″　　横坐标：N31°　34′　32.98″		
树龄	真实树龄：　　年	估测树龄：　350 年	
古树等级	二级	树高：9.7 米	胸径：82 厘米
冠幅	平均：14 米	东西：15 米	南北：13 米
立地条件	海拔：18 米　坡向：无　坡度：　度　坡位：平地　土壤名称：水稻土		
生长势	衰弱株	生长环境	良好
影响生长环境因素	古树周边为农业用地，土壤的透水、透气性较好，四周已经开排水沟。		
现存状态	正常		
树木特殊状况描述	树干 2 米，上多分枝，树冠完整，南部、西部各有一枝已劈断，其他枝完整。有部分枯枝，树皮光滑。枝条有介壳虫危害，严重，树洞较多。		
地上保护现状	枯枝清理、防腐处理、病虫害防治		

冬青
古树编号：125

古树名木每木调查表

古树编号	125	县（市、区）	溧阳市
树 种	中文名：冬青　拉丁名：*Hex Purpurea* HassR		
	科：冬青科　属：冬青属		
位置	乡镇：戴埠镇　村（居委会）：戴南村		
	小地名：村中水泥路右侧		
	纵坐标：E119°　30′　38.88″		横坐标：N31°　14′　40.56″
树龄	真实树龄：　年		估测树龄：200 年
古树等级	三级	树高：17 米	胸径：77 厘米
冠幅	平均 15.5 米	东西：17 米	南北：14 米
立地条件	海拔：47 米　坡向：无　坡度：　度　坡位：平地　土壤名称：黄棕壤		
生长势	正常株	生长环境	良好
影响生长环境因素	古树周边为农业用地，土壤的透水、透气性较好，古树离道路较近。		
现存状态	正常		
树木特殊状况描述	主干通直，无蛀孔，5 米处多分叉。由于道路建设，导致根盘裸露，损伤较重。枯枝较多，长势一般。		
地上保护现状	无		

胡颓子

古树编号：126

古树名木每木调查表

古树编号	126	县（市、区）	溧阳市
树 种	中文名：胡颓子　拉丁名：*Elaeagnus pungens* Thunb.		
	科：胡颓子科　属：胡颓子属		
位置	乡镇：天目湖镇　村（居委会）：平桥村		
	小地名：张门里村15号前		
	纵坐标：E119° 25′ 22.32″		横坐标：N31° 13′ 43.90″
树龄	真实树龄：　年		估测树龄：350年
古树等级	二级	树高：9米	胸径：46厘米
冠幅	平均：7.5米	东西：8米	南北：7米
立地条件	海拔：34米　坡向：无　坡度：　度　坡位：平地　土壤名称：水稻土		
生长势	衰弱株	生长环境	良好
影响生长环境因素	古树周边为村镇建设用地，土壤的透水、透气性较好。树东、南侧为农田，西、北侧为石子路。于2014年5月5日对树进行了第一次支撑和钢围护。		
现存状态	伤残		
树木特殊状况描述	树干2.8米处六分叉，分叉处树干劈开至1.5米处，树干中空，空洞直达地表根盘处，树冠完整，生长旺盛，果红色，圆柱形，八棱，较大（长1.5厘米，宽1厘米），树干向西偏5度。		
地上保护现状	护栏、支撑、包树箍、防腐处理、枯枝清理		

桂花
古树编号：127

古树名木每木调查表

古树编号	127	县（市、区）	溧阳市
树 种	中文名：桂花　拉丁名：*Osmanthus fragrans (Thunb.)* Lour.		
	科：木樨科　属：木樨属		
位置	乡镇：溧城街办　村（居委会）：倪庄村（礼巷村）		
	小地名：张家村3号前围墙内（原张家祠堂）		
	纵坐标：E119°　31′　5.04″		横坐标：N31°　25′　28.91″
树龄	真实树龄：年		估测树龄：150年
古树等级	三级	树高：6.5米	胸径：39厘米
冠幅	平均：7.5米	东西：7米	南北：8米
立地条件	海拔：3米　坡向：无　坡度：度　坡位：平地　土壤名称：水稻土		
生长势	衰弱株	生长环境	良好
影响生长环境因素	古树周边为村镇建设用地，土壤的透水、透气性一般。树四周为围墙，新建4米×6米砖围挡，其余地表为青石板，地势较低，有积水风险，对古树有一定影响。有一石碑，上有光绪十二年字样。		
现存状态	正常		
树木特殊状况描述	金桂，原为独杆，被雪压劈，形成两个分叉。地径39厘米，树干50厘米处二分叉，东侧枝胸径26厘米，西侧枝23厘米，东侧枝离地1.1米处又二分叉，有部分枯枝。东侧枝有一长80厘米、宽10厘米腐孔；西侧枝有一长60厘米、宽10厘米树洞，木质部已全部腐烂。		
地上保护现状	砌树池		

榉树

古树编号：128

古树名木每木调查表

古树编号	128	县（市、区）	溧阳市
树 种	中文名：榉树　拉丁名：*Zelkova serrata (Thunb.)*Makino		
	科：榆科　属：榉属		
位置	乡镇：瓦屋山林场　村（居委会）：瓦屋山林场		
	小地名：一工区（茶厂）职工房中间		
	纵坐标：E119° 13′ 2.55″	横坐标：N31° 35′ 33.96″	
树龄	真实树龄：　年	估测树龄：100 年	
古树等级	三级	树高：16 米	胸径：52 厘米
冠幅	平均：12.5 米	东西：12 米	南北：13 米
立地条件	海拔：49 米　坡向：无　坡度：　度　坡位：平地　土壤名称：黄棕壤		
生长势	正常株	生长环境	良好
影响生长环境因素	古树周边为村镇建设用地，土壤的透水、透气性一般。		
现存状态	正常		
树木特殊状况描述	树干通直，4 米处二分叉。		
地上保护现状	无		

榉树

古树编号：130

古树名木每木调查表

古树编号	130	县（市、区）	溧阳市
树 种	中文名：榉树　拉丁名：*Zelkova serrata (Thunb.)*Makino		
	科：榆科　属：榉属		
位置	乡镇：戴埠镇　村（居委会）：横涧村		
	小地名：村中路边小房北侧		
	纵坐标：E119° 30′ 2.4″	横坐标：N31° 12′ 35.7″	
树龄	真实树龄：　年	估测树龄：150 年	
古树等级	三级	树高：16 米	胸径：76 厘米
冠幅	平均：14.1 米	东西：14.6 米	南北：13.5 米
立地条件	海拔：72 米　坡向：无　坡度：　度　坡位：平地　土壤名称：黄棕壤		
生长势	正常株	生长环境	良好
影响生长环境因素	古树周边为村镇建设用地，土壤的透水、透气性较好。		
现存状态	正常		
树木特殊状况描述	主干通直，深灰色，树干 3 米处二分叉，分叉上有枯枝。		
地上保护现状	无		

榉树
古树编号：131

古树名木每木调查表

古树编号	131	县（市、区）	溧阳市
树 种	中文名：榉树　拉丁名：*Zelkova serrata (Thunb.)*Makino		
	科：榆科　属：榉属		
位置	乡镇：戴埠镇　村（居委会）：横涧村		
	小地名：村北原养老院南侧		
	纵坐标：E119° 30′ 0.12″		横坐标：N31° 12′ 46.18″
树龄	真实树龄：　年		估测树龄：150 年
古树等级	三级	树高：15 米	胸径：67 厘米
冠幅	平均：17 米	东西：18 米	南北：16 米
立地条件	海拔：67 米　坡向：无　坡度：　度　坡位：平地　土壤名称：黄棕壤		
生长势	正常株	生长环境	良好
影响生长环境因素	古树周边为村镇建设用地，土壤的透水、透气性较好。		
现存状态	正常		
树木特殊状况描述	主干通直，光洁，无蛀孔，长势旺。		
地上保护现状	枯枝清理		

青冈栎
古树编号：132

古树名木每木调查表

古树编号	132	县（市、区）	溧阳市
树种	中文名：青冈栎　拉丁名：*Cyclobalanopsis glauca(Thunb.)* Oerst.		
	科：壳斗科　属：青冈属		
位置	乡镇：天目湖镇　村（居委会）：桂林村		
	小地名：石街头村 21 号北侧		
	纵坐标：E119°　23′　12.16″		横坐标：N31°　17′　47.65″
树龄	真实树龄：　年		估测树龄：250 年
古树等级	三级	树高：16 米	胸径：69 厘米
冠幅	平均：14.5 米	东西：13 米	南北：16 米
立地条件	海拔：57 米　坡向：　坡度：　度　坡位：		土壤名称：黄棕壤
生长势	正常株	生长环境	良好
影响生长环境因素	古树周边为自然林地，土壤的透水、透气性较好。		
现存状态	正常		
树木特殊状况描述	古树南侧为水泥路，位于茶园东南角。古树 2.5 米处三分叉，树干光滑，无蛀孔，长势旺。		
地上保护现状	枯枝清理		

三角枫
古树编号：133

古树名木每木调查表

古树编号	133	县（市、区）	溧阳市
树种	中文名：三角枫　拉丁名：*Acer buergerianum* Miq.		
	科：槭树科　属：槭属		
位置	乡镇：昆仑街办　村（居委会）：毛场村		
	小地名：沙涨村俁斯墓地中间		
	纵坐标：E119° 28′ 23.99″	横坐标：N31° 28′ 45.77″	
树龄	真实树龄：　年	估测树龄：200 年	
古树等级	三级	树高：14 米	胸径：65 厘米
冠幅	平均：14.5 米	东西：15 米	南北：14 米
立地条件	海拔：21 米　坡向：无　坡度：　度　坡位：平地　土壤名称：水稻土		
生长势	正常株	生长环境	良好
影响生长环境因素	古树周边为墓地，土壤的透水、透气性好。		
现存状态	正常		
树木特殊状况描述	长势旺，无伤痕，树干光洁，多球状突起。主干 6 米分叉，树冠均匀。		
地上保护现状	无		

三角枫
古树编号：134

古树名木每木调查表

古树编号	134	县（市、区）	溧阳市
树 种	中文名：三角枫　拉丁名：*Acer buergerianum* Miq.		
	科：槭树科　属：槭属		
位置	乡镇：昆仑街办　村（居委会）：毛场村		
	小地名：沙涨村偰斯墓地小路边		
	纵坐标：E119° 28′ 24.42″　横坐标：N31° 28′ 45.68″		
树龄	真实树龄：　年	估测树龄：100 年	
古树等级	三级	树高：13 米	胸径：48 厘米
冠幅	平均：14 米	东西：13.5 米	南北：14.5 米
立地条件	海拔：21 米　坡向：无　坡度：　度　坡位：平地　土壤名称：水稻土		
生长势	正常株	生长环境	良好
影响生长环境因素	古树周边为墓地，土壤的透水、透气性好。		
现存状态	正常		
树木特殊状况描述	长势旺，无伤痕，树干光洁，树冠均匀。		
地上保护现状	无		

丝棉木
古树编号：135

古树名木每木调查表

古树编号	135	县（市、区）	溧阳市
树 种	中文名：丝棉木	拉丁名：*Euonymus□aackii* Rupr.	
	科：卫矛科	属：卫矛属	
位置	乡镇：昆仑街办	村（居委会）：毛场村	
	小地名：沙涨村偰斯墓地南侧围墙边		
	纵坐标：E119° 28′ 23.99″	横坐标：N31° 28′ 45.45″	
树龄	真实树龄：　年	估测树龄：100 年	
古树等级	三级	树高：12 米	胸径：56 厘米
冠幅	平均：16 米	东西：18 米	南北：14 米
立地条件	海拔：21 米　坡向：无　坡度：　度　坡位：平地　土壤名称：水稻土		
生长势	正常株	生长环境	良好
影响生长环境因素	古树周边为墓地，土壤的透水、透气性好。		
现存状态	正常		
树木特殊状况描述	长势旺，无伤痕，树干光洁，1.2 米处二分叉，树冠偏东。与一株榔榆伴生。		
地上保护现状	无		

榉树
古树编号：136

古树名木每木调查表

古树编号	136	县（市、区）		溧阳市	
树 种	中文名：榉树　拉丁名：*Zelkova serrata (Thunb.)*Makino				
	科：榆科　属：榉属				
位置	乡镇：戴埠镇　村（居委会）：戴南村				
	小地名：油坊村31号东（竹海连接线）双榉桥东侧				
	纵坐标：E119° 30′ 44.31″			横坐标：N31° 15′ 33.85″	
树龄	真实树龄：　年			估测树龄：150年	
古树等级	三级		树高：15米		胸径：44厘米
冠幅	平均：10米		东西：8米		南北：12米
立地条件	海拔：30米　坡向：无　坡度：　度　坡位：平地				土壤名称：水稻土
生长势	正常株		生长环境		差
影响生长环境因素	古树周边为桥，土壤的透水、透气性一般。古树生长在双榉桥东，桥为古单拱石桥，宽约3米。				
现存状态	正常				
树木特殊状况描述	主干向东倾斜30度，3米处分叉，主干上有球状突起，无蛀孔，古树根盘裸露，长势一般。				
地上保护现状	无				

榉树
古树编号：137

古树名木每木调查表

古树编号	137	县（市、区）	溧阳市
树种	中文名：榉树　拉丁名：*Zelkova serrata (Thunb.)*Makino		
	科：榆科　属：榉属		
位置	乡镇：戴埠镇　村（居委会）：戴南村		
	小地名：油坊村 32 号东（竹海连接线）双榉桥西侧		
	纵坐标：E119° 30′ 44.20″	横坐标：N31° 15′ 33.79″	
树龄	真实树龄：　年	估测树龄：150 年	
古树等级	三级	树高：14 米	胸径：40 厘米
冠幅	平均：10 米	东西：9 米	南北：11 米
立地条件	海拔：30 米　坡向：无　坡度：　度　坡位：平地　土壤名称：水稻土		
生长势	正常株	生长环境	差
影响生长环境因素	古树周边为桥，土壤的透水、透气性一般。古树生长在双榉桥西，桥为古单拱石桥，宽约 3 米。		
现存状态	正常		
树木特殊状况描述	主干向西倾斜 15 度，3 米处分叉，无蛀孔，长势一般。		
地上保护现状	无		

艺流程图

珍稀植物资源

银缕梅

拉丁学名：Parrotia subaequalis (H. T. Chang) R. 米 . Hao & H. T. Wei

别名：小叶银缕梅等

科属：金缕梅科银缕梅属

保护等级：我国特有树种，野生植株被列为国家Ⅰ级重点保护植物；《世界自然保护联盟濒危物种红色名录》（IUCN）：极危（CR）

植物学史：1935年9月，南京中山植物园的植物学家沈隽，在江苏宜兴芙蓉寺石灰岩山地采集植物标本，它满树枝果，似金缕梅，但又不同，采集标本后，准备进行鉴定，因抗日战争、解放战争爆发，研究工作中断，这份珍贵的标本尘封在实验室里。1954年，原中山植物研究所单人骅教授清理标本时，认为这个树种是金缕梅科种群中的一员，与日本的金缕梅相似，但又不能确认，继而指出，这份标本关系重大。1960年，这份标本被误定为金缕梅科金缕梅属小叶金缕梅，使这一重大的科学发现陷入误区。1987年国家在编纂珍稀濒危植物“红皮书”时，科技人员再次前往宜兴，终于在同类型的石灰岩山地中找到了实物标本。在随后的物候观察中，竟意外地发现，该树种的花器没有花瓣，它不是金缕梅，是金缕梅科中无花瓣类型树种，形态特征与北美的金缕梅科弗吉特族植物相一致，但又与该族各属植物有所差异，是一个新属新种。1992年经植物学家朱德教授定名为：金缕梅科弗吉特族银缕梅属的银缕梅。

形态特征：落叶小乔木，常有大型头状、坚硬虫瘿。树皮灰褐色，片状剥落，光滑，新皮灰白色。幼枝暗褐色，初被星状柔毛，后脱落。芽体裸露，细小，被绒毛。单叶互生，叶片薄革质，倒卵形，长4~7.5厘米，宽2~4.5厘米，先端渐尖或纯尖，基部稍不对称，边缘在靠近先端处有4~6个波状浅齿，下半部全缘；侧脉4~5对，直达齿端，脉腋具簇毛。叶柄长5~7毫米，有星毛，托叶早落。短穗状花序生于侧枝顶端或腋生，有花3~7朵，无花瓣，先叶开放。苞片卵形至条形，边缘簇生硬毛，外面密被锈褐色毡毛。最下部1~2朵为雄花，雄蕊5~15，花丝极短；花序上部多为两性花，萼筒短，萼裂片卵形，被长毛；花丝丝状，黄绿色，盛花期常下垂，长15~18毫米，花药红色，药隔先端伸长；

柱头 2，基部合生，先端不规则卷曲，基部密生棕色长毛，子房被星状毛。蒴果木质，近球形，2 裂，密被星状毛。种子狭纺锤形，长 6~7 毫米，褐色，有光泽，种脐淡黄色。花期 3~4 月，球期 9~10 月。

分布：溧阳仅在南山竹海的锅底山发现。江苏宜兴、安徽、浙江等地有分布。

特性：喜光，耐旱，耐瘠薄，喜温暖湿润气候，耐寒性强。酸性、中性、微碱性及钙质壤土均能适应，但以深厚、肥沃、湿润和排水良好的壤土为佳。萌蘖性强。

用途: 银缕梅树形端正，冠幅大，可作园景树、庭荫树和行道树。银缕梅木材非常坚硬，纹理通直，结构细密，呈浅褐色的切面光滑而有光泽，是可作细木工、工艺品、家具等 。

研究价值：作为最古老的植物物种之一，银缕梅在金缕梅科的系统研究中具有很高的价值。银缕梅原产地在三叠纪早中期是古青龙海浅海区和局部海陆交互地带，后海水退出，属华夏植物区系范围之内，银缕梅的发现使华夏植物区系又增添了新的证据。这对植物区系、植物地理、古生物等多学科的研究，提供了不可缺少的活材料。同时与其他无花瓣属植物比较表明，银缕梅属与特产里海南岸的银缕梅属形态极为相似。银缕梅属花形态特征的阐明，对探讨金缕梅亚科无花瓣类群的系统发育也具有重要意义。

2016 年 4 月 8 日开始的溧阳市全市范围内第一次林木种质资源调查外业工作中，由溧阳市林业工作站人员和南京师范大学生科院师生组成的调查队，在溧阳市南山竹海景区发现了国家一级重点保护野生植物、国宝级濒危物种——银缕梅。4 月 18 日，调查队在 4 月 8 日调查的基础上，对野生银缕梅群落进行了实地复测。调查共发现两处野生银缕梅群落，共 29 株野生银缕梅，胸径从 1~5 厘米不等，最大的一株高达 2.8 米，分布于海拔 400~500 米的向阳阔叶林中，呈小片分布。

银缕梅对生长条件要求极高，分布范围狭窄，这次发现较为罕见。是该物种在我省内除宜兴以外的首次发现。

银缕梅是 20 世纪 50 年代末发现、1992 年定名为金缕梅科新属种。它属落叶灌木或小乔木，奇的是它有花而无花瓣，因花白色，与金缕梅形成对照而得名。仅在江苏宜兴、安徽金寨和浙江安吉县龙王山的狭窄地域有少量野生植株。

银缕梅的木材非常坚硬，观赏价值也比较高，材质坚硬，纹理通直，结构细密，切面光滑、浅褐色、有光泽，可作细木工、工艺品、家具等。树姿古朴，干形苍劲，叶片入秋变黄色，花朵银丝缕缕更为奇特，可作园林景观树，也是优良的盆景树种。

香果树

拉丁学名：Emmenopterys henryi Oliv.

别名：香果茶等

科属：茜草科香果树属

保护等级：我国特有单种属珍稀树种；古老孑遗植物，对研究茜草科系统进化具有科研价值。野生植株被列为国家Ⅱ级重点保护植物。国家林业局第一次重点保护野生植物资源调查结果，江苏境内香果树已经“野外灭绝”，2015 年全国第二次野生植物普查，在溧阳市深溪岕再次发现。

形态特征：落叶乔木，高达 30 米。小枝有皮孔。叶对生，有柄，宽椭圆形至宽卵形，长达 20 厘米，全缘，托叶大，三角状卵形，早落。聚伞花序排成顶生大型圆锥花序状；花芳香，花大，黄色，有短梗；花萼小，5 裂，裂片三角状卵形，脱落，但一些花的萼裂片中的 1 片扩大成叶状，色白而宿存于果上；花冠漏斗状，被茸毛，顶端 5 裂，裂片覆瓦状排列。蒴果近纺锤状，长 3~5 厘米，有纵棱，成熟时红色，室间开裂为 2 果瓣；种子多，细小而具宽翅。花期 7~8 月，果期 9~11 月。

分布：溧阳市见于戴埠镇的深溪岕、桃树岕、龙潭林场等地。分布于我国西南、长江流域和秦岭地区。

特性：弱阳性树种，稍喜光，幼树耐庇荫。喜温和或凉爽的气候和湿润肥沃的土壤。土壤为山地黄壤或沙质黄棕壤，pH 值 5–6。通常散生在以壳斗科为主的常绿阔叶林中，或生长于常绿、落叶阔叶混交林内。速生树种，萌蘖性强，种子萌发力较低，天然更新能力差。

用途：树干高耸，花美丽，可作庭园观赏树。

金钱松

拉丁学名：Pseudolarix amabilis (Nelson) Rehd.

别名：金叶松、金松等

科属：松科金钱松属

保护等级：我国特有单种属珍贵用材树种；古老孑遗植物。野生植株被列为国家Ⅱ级重点保护植物。江苏境内目前野生金钱松数量仅十余株，在溧阳深溪岕上虎塘分布有四株野生金钱松，其中二株为古树，编号为 32048100015、32048100016（胸径 51 厘米）。

形态特征：落叶乔木，树冠宽塔形，高达 40 米；树干通直，树皮粗糙，灰褐色，裂成不规则的鳞片状块片。枝平展，分长枝和短枝；一年生长枝淡红褐色或淡红黄色，无毛，有光泽，二年生、三年生枝淡黄灰色或淡褐灰色，稀淡紫褐色，老枝及短枝呈灰色、暗灰色或淡褐灰色；矩状短枝生长极慢，有密集成环节状的叶枕。叶条形，柔软，长 2~5.5 厘米，宽 1.5~4 毫米（幼树及萌生枝之叶长达 7 厘米，宽 5 毫米），先端锐尖或尖，上面绿色，中脉微明显，下面蓝绿色，中脉明显；长枝之叶辐射伸展，短枝之叶簇状密生，平展成圆盘形，秋后叶呈金黄色。花单性，雌雄同株；雄球花黄色，圆柱状，下垂；雌球花紫红色，椭圆形，直立，有短梗。球果卵圆形或倒卵圆形，长 6~7.5 厘米，径 4~5 厘米，成熟前绿色或淡黄绿色，熟时淡红褐色。种子卵圆形，白色，长约 6 毫米，种翅三角状披针形，淡黄色或淡褐黄色，上面有光泽，连同种子几乎与种鳞等长。花期 4~5 月，球果 10~11 月成熟。

分布：产于江苏南部，溧阳全域可见。

特性：阳性树种，初期稍耐荫蔽，以后需光性增强。生长较快，喜生于温暖、多雨、土层深厚、肥沃、排水良好的酸性土山区。

用途：可作庭园景观树种，树姿优美，深秋叶色金黄，极具观赏性，为世界五大庭院观赏树种之一。可制作盆景。金钱松木材纹理通直，硬度适中，材质稍粗，性较脆。可作建筑、板材、家具、器具及木纤维工业原料等用。

古树名木每木调查表

古树编号	32048100015	县（市、区）	溧阳市
树 种	中文名：金钱松　拉丁名：*Pseudolarix amabilis*		
	科：松科　属：金钱松属		
位置	乡镇：龙潭林场		
	小地名：深溪岕跃进塘向山上 150 米内侧		
	纵坐标：E119° 30′ 7.33″　横坐标：N31° 11′ 7.34″		
树龄	真实树龄：　年	估测树龄：110 年	
古树等级	三级	树高：21.8 米	胸径：45 厘米
冠幅	平均：10 米	东西：9 米	南北：11 米
立地条件	海拔：120 米　坡向：无　坡度：　度　坡位：平地　土壤名称：黄棕壤		
生长势	正常株	生长环境	良好
影响生长环境因素	古树周边为林地，土壤的透水、透气性较好。古树周边有杂竹、杂树，但对树有影响。		
现存状态	正常		
树木特殊状况描述	树干 9 米向上处开始分蘖侧枝，主梢明显，树干通直，光洁无疤痕。		
地上保护现状	围栏		

320481000016
金钱松
320481000015
金钱松

古树名木每木调查表

古树编号	32048100016	县（市、区）	溧阳市
树 种	中文名：金钱松　拉丁名：Pseudolarix amabilis		
	科：松科　属：金钱松属		
位置	乡镇：龙潭林场		
	小地名：深溪夼跃进塘向山上 150 米外侧		
	纵坐标：E119° 30′ 7.36″　横坐标：N31° 11′ 7.41″		
树龄	真实树龄：　年		估测树龄：120 年
古树等级	三级	树高：21.8 米	胸径：51 厘米
冠幅	平均：10 米	东西：9 米	南北：11 米
立地条件	海拔：120 米　坡向：无　坡度：　度　坡位：平地　土壤名称：黄棕壤		
生长势	正常株	生长环境	良好
影响生长环境因素	古树周边为林地，土壤的透水、透气性较好。古树周边有杂竹、杂树，但对树有影响。		
现存状态	正常		
树木特殊状况描述	树干 9 米向上处开始分蘖侧枝，主梢明显，树干通直，光洁无疤痕。		
地上保护现状	围栏		

榉树

拉丁学名：Zelkova serrata (Thunb.)Makino

别名：光叶榉、红榉等

科属：榆科榉属

保护等级：我国特有树种。野生植株被列为国家Ⅱ级重点保护植物。榉树是溧阳古树名木及后备资源中单株数量最多的树种，也是溧阳苗木种植面积最多的树种。

形态特征：落叶乔木，高达 15 米。树皮灰褐色至深灰色，呈不规则的片状剥落。幼枝有白柔毛。冬芽常 2 个并生，球形或卵状球形。叶片厚纸质，大小形状变异很大，卵形至椭圆状披针形，长 3~10 厘米，宽 1.5~4 厘米，先端渐尖、尾状渐尖或锐尖，基部稍偏斜，圆形、宽楔形、稀浅心形，叶面绿，干后深绿至暗褐色，叶表面被糙毛，叶背浅绿，干后变淡绿至紫红色，密被柔毛，边缘具圆齿状锯齿，侧脉 8~15 对；叶柄粗短，长 3~7 毫米，被柔毛。雄花 1~3 朵簇生于叶腋，雌花或两性花常单生于小枝上部叶腋。核果上部歪斜，直径 2.5~4 毫米，几无柄。花期 3~4 月，果期 9~11 月。

分布：溧阳全域可见，最大单株胸径达 171 厘米；产于江苏全省各地，生于低山丘陵、林缘、溪边及平原四旁；主要分布于中国淮河流域、秦岭以南的长江中下游各地，南至两广，西至贵州及云南东南部。

特性：阳性树种，稍耐阴；喜温暖湿润气候，对土壤适应性强；耐寒、耐水湿；耐烟滞尘，对 SO_2、Cl_2 等抗性强；深根系，侧根发达，生长快，抗风力强。

用途：榉树形色兼美，在公园和风景点中的应用广泛；其木材是高档家具及装饰主要用材，明清江南地区民间流传着“无榉不成俱”的说法。“榉”谐音“举”，且“硬石种榉”与“应试中举”谐音，故木石奇缘又含祥瑞征兆，是对美好生活的一种寄托与向往；又因榉树生长健壮，寿命长，还有福泽、长寿的寓意。

青檀

拉丁学名：Pteroceltis tatarinowii 米 axim.

别名：檀树、檀皮树、摇钱树等

科属：榆科青檀属

保护等级：为中国特有的单种属，由于自然植被的破坏，常被大量砍伐，致使分布区逐渐缩小，林相残破，有些地区残留极少，已不易找到。野生植株被列为国家Ⅲ级重点保护植物。

形态特征：落叶乔木，高达20米。树皮淡灰色，不规则的长片状剥落；小枝黄绿色，干时栗褐色，疏被短柔毛，后渐脱落，皮孔明显，椭圆形或近圆形；冬芽卵形。单叶互生，叶片纸质，宽卵形至长卵形，长3~10厘米，宽2~5厘米，先端渐尖至尾状渐尖，基部不对称，边缘有不整齐的锯齿，近基部全缘，基部三出脉，侧出的一对近直伸达叶的上部，侧脉4~6对，叶表面粗糙，无毛，叶背淡绿，被短柔毛。花单性同株，雄花簇生，花被5裂，雄蕊5，药顶有毛；雌花单生于当年生枝的叶腋，花被裂片披针形，有疏毛，花柱2。小坚果有翅，近圆形或方形，宽10~17毫米，翅木质化。种子胚弯曲，子叶旋卷。花期3~5月，果期7~8月。

分布：见于溧阳市戴埠镇山区、沟边和村落附近；产于江苏省南部山区；分布于黄河及长江流域，南至华南及西南地区。

特性：阳性树种，稍耐阴；耐寒、耐旱、耐水湿；耐瘠薄，喜石灰质和钙质土壤；深根系，抗风力强，常在岩石隙缝间盘旋伸展。生长速度中等，萌蘖性强，寿命长。

用途：青檀茎皮、枝皮纤维为制造驰名国内外的书画宣纸的优质原料。东汉安帝建光元年（121年），东汉造纸家蔡伦死后，他的弟子孔丹在皖南以造纸为业，很想造出一种世上最好的纸，为师傅画像修谱，以表怀念之情。但年复一年难以如愿。一天，孔丹偶见一棵古老的青檀树倒在溪边。由于终年日晒水洗，树皮已腐烂变白，露出一缕缕修长洁净的纤维。孔丹取之造纸，经过反复试验，终于造出一种质地绝妙的纸来，这便是后来有名的宣纸。宣纸中有一种名叫“四尺丹”的，就是为了纪念孔丹，一直流传至今。青檀木材坚实，致密，韧性强，耐磨损，供家具、农具、绘图板及细木工用材。可作石灰岩山地的造林树种。

桑

拉丁学名：Morus alba Linn.

别名：桑树等

科属：桑科桑属

形态特征：落叶乔木或灌木，高达 15 米。树皮厚，灰黄色或黄褐色。幼枝有细毛。叶片卵形或广卵形，长 5~15 厘米，宽 5~12 厘米，先端渐尖或圆钝，基部圆形至浅心形，边缘有锯齿或各种分裂，表面无毛，有光泽，背面绿色，沿脉有疏毛，脉腋有簇毛；叶柄长 1.5~5.5 厘米，具柔毛。花单性异株，均为腋生的柔荑花序，与叶同时生出；雄花序下垂，长 2~3.5 厘米；雌花序长 1~2 厘米，被毛，总花梗长 5~10 毫米，被柔毛，雌花无梗；花柱不明显或无，柱头 2。聚花果卵状椭圆形，长 1~2.5 厘米，成熟时红色或暗紫色。花期 4~5 月，果期 5~8 月。

分布：我国乡土树种，溧阳全域可见。原产于我国中部和北部，现我国和全世界都广泛栽培。

特性：阳性速生树种，幼树稍耐荫。对气候、土壤的适应性强，耐旱，耐瘠薄，耐水湿及轻盐碱。喜温暖湿润气候，气温 12℃以上开始萌芽，生长适宜温度 25℃ ~30℃，超过 40℃则受到抑制，降到 12℃以下则停止生长。深根系树种，萌蘖性强，耐修剪。

用途：《本草纲目》记载“桑可以祛风湿，治风寒湿痹、脚气、浮肿，肌体风痒；根皮可以泻肺平喘、利水消肿，治肺热咳嗽、水肿喘息、小便不利”。桑树皮可以作为药材，造纸；桑木可以造纸；叶为养蚕的主要饲料，亦作药用。木材坚硬，可制家具、乐器、雕刻等。桑椹不但可以充饥，还可以酿酒。

丝府溧阳简介：

溧阳，是苏南地区乃至江南有名的蚕桑生产重点地区，具有悠久的蚕桑历史文化，素有“丝府茶乡”的美誉。

蚕桑丝绸文化，是中华民族的优秀传统文化，已被联合国教科文组织列入《人类非物质文化遗产代表作名录》，是世界认同的优秀文化标识。关于蚕桑业的起源，历史上众说纷纭。据《史记》“五帝本纪”中记载：“时播百谷草木，淳化鸟兽虫蛾”；《通鉴续编》中记载：“西陵氏之女嫘祖为黄帝元妃，始教民育蚕，治丝茧以供衣服，而天下无皴瘃之患，后世祀为先蚕……”因而后人基本上认定黄帝元妃是最早教民养蚕的人，江浙民间普遍称她为蚕花娘娘，是作为神来供奉的。从嫘祖发明养蚕和缫丝开始，丝绸成为中华民族献给人类的最珍贵的礼物之一，开启了人类文明和美好生活的新篇章。

《溧阳县志》上有文字记载蚕桑事业，则到了东汉、三国时期，说是“源于东汉，盛于明清”。民国溧阳蚕桑业鼎盛时期，全县家家栽桑，户户养蚕，桑连阡陌，溧阳全县有十多万亩桑园，年产鲜茧六万余担，产量居全省之冠。1995年，溧阳蚕桑事业创下历史最高纪录，桑园面积达11万亩，蚕种用量21万张，蚕茧总产13万多担。

为向社会广泛宣传蚕桑历史文化，溧阳市天目湖农业发展有限公司筹建了具有公益性质的“江苏溧阳蚕桑文化博物馆”“丝绸之路文化体验长廊”，收藏了一批濒临失传的蚕桑丝绸工具、技艺，以及蚕乡习俗经典资料，共收集整理了350多件蚕桑丝绸文化展品，从蚕桑的起源、发展到兴盛时期，从古代蚕桑丝绸到现代的丝绸工业，从蚕桑故事到涉及蚕桑事业的著名人物，都作了详细的展示和介绍。

湖桑 32 号老桑

溧阳红古桑

溧阳市文化小学老桑树

树龄：60~70年

胸围：0.92+1.63米

树高：13.5米

冠幅：12米

蚕桑文化是中国文明的起点，中国人养蚕种桑已有四千多年的历史，蚕桑文化足以成为“最具中国特色的文化形态”。溧阳市文化小学创建于2000年5月，与蚕桑有着不解之缘。据资料记载，1950年至2000年间，溧阳共建过四个蚕种催青室，其中在南门外建的平陵催青室就在学校附近，它为无数栽桑养蚕的溧阳人家孕育着希望。2000年学校创建时，原地是一片农田，其中大部分为桑园。老桑树生长在学校西南角，为基部二分叉，随着粗度的增加，两个分叉逐渐挤在一起，犹如一个树干。老桑树仍勃发生机，似乎在诉说着它们所经历的古往今昔，见证着学生们与“蚕精灵”之缘。

自2007年起，学校每年都开展历时两个月的“文小的蚕精灵”养蚕活动。在此基础上，学校将蚕桑文化与现代小学教育融合，通过顶层设计，构建了蚕桑文化的课程体系，促进学生核心素养的提升，并形成了独特的校园文化景观。2019年9月，“区域蚕桑文化特色课程建设研究”入选国家教育部门课程教材发展中心校本课程建设项目。

别桥镇前王村老桑树

树龄：70 年

胸围：1.67 米

树高：12.5 米

冠幅：11 米

别桥镇前王村老桑树，位于前王村村委会院内，为农村自然萌发株，萌发于上世纪五六十年代，所在地当时为生产队养殖房。在生长初期，当桑树生长到一定大小后，就被村民砍作他用。由于桑树萌发能力强，每隔一段时间就被砍伐一次，因此未能长成大树。70 年代，在桑树北侧建设了前王小学，学校围墙把桑树包围在学校内，村民不再砍伐，桑树才得以长成大树。随着村民保护意识的加强，桑树长势较 20 年前明显变好。

果桑

乌饭树

拉丁学名：Vaccinium bracteatum Thunb.

别名：南烛、染菽、黑饭草等

科属：越橘科越橘属

形态特征：常绿灌木，高达 5 米。分枝多，老枝褐色，无毛，幼枝有细柔毛。叶片革质，椭圆形、卵状椭圆形或长椭圆形，长 2.5~6 厘米，宽 1~2.5 厘米，小枝基部几枚叶常略小，顶端急尖，基部宽楔形，具细锯齿，背面中脉略有刺毛，网脉明显；叶柄长 2~4 毫米。总状花序腋生，长 2~6 厘米，有短柔毛；苞片披针形，宿存，长 5~10 毫米，边缘有刺状齿；花梗下垂，被短柔毛；花萼钟状，5 浅裂，裂片三角形，被黄色柔毛；花冠白色，卵状圆筒形，长 6~7 毫米，5 浅裂，两面被细柔毛；雄蕊 10，花药无芒状附属物；子房下位，密被柔毛。浆果球形，直径 4~6 毫米，被细柔毛或白粉；熟时紫黑色。种子细小，多数。花期 6~7 月，果期 8~11 月。

分布：产于长江以南，溧阳全域可见。

特性：中性偏阳性树种，喜侧方荫蔽；喜温暖湿润气候，对土壤适应性强，喜生于酸性土，为酸性土指示植物。

用途：乌饭树其果实、枝叶中含有多种有效成分，兼具极高的食用和药用价值。乌饭树作为保健植物，具有悠久的历史，早在宋《图经本草》即有记载：“此饭乃仙家服食之法，能坚筋骨、益颜色、益肠胃、补骨髓、灭三虫，久服能变白去老。”李时珍《本草纲目》卷中有这样的记载：“此饭乃仙家服食之法，而今释家多于四月八日造之，以供佛。”溧阳素有在农历四月采其嫩叶浸渍糯米煮成乌饭的习俗，有健脾益肾之功效，目前已形成一定的生产规模。但是近年来乌饭树野生资源明显减少，人工规模栽培数量不足。